區塊鏈基礎
Blockchain

去中心化×共識機制×智慧合約……
破解抽象名詞背後的運作機制，
看懂科技如何改變我們的日常與未來

李楠，熊璋 著

科技不再神祕！全年齡都能讀懂的區塊鏈入門書
輕鬆吸收必備的數位素養，是迎向未來的第一步

你，準備好迎接科技浪潮了嗎？

目 錄

叢書序	005
第 1 章　區塊鏈的歷史腳步	007
第 2 章　什麼是區塊鏈	021
第 3 章　區塊鏈帶來的生活改變	099

目錄

叢書序

　　資訊科技是與人們生產生活聯繫最為密切、發展最為迅速的前沿科技領域之一，對青少年的思維、學習、社交、生活方式產生了深刻的影響，在帶給他們數位化學習生活便利的同時，電子產品使用過量過當、資訊倫理與安全等問題已成為全社會關注的話題。如何把對數位產品的觸碰提升為探索知識的好奇心，培養和激發青少年探索資訊科技的興趣，使他們適應網路社會，是青少年健康成長的基礎。

　　放眼全球，內容新、成套系、符合青少年認知特點的資訊科技科普圖書乏善可陳。我們特意編寫了本套叢書，旨在讓青少年感受身邊的尖端資訊科技，提升他們的數位素養，引導廣大青少年關注物理世界與數位世界的關聯、主動迎接和融入數位科學與技術促進社會發展的進程。

　　本套書採用生動活潑的語言，輔以情景式漫畫，使讀者能直觀地了解科技知識以及背後有趣的故事。

　　書中錯漏之處歡迎廣大讀者批評指正。

叢書序

第 1 章
區塊鏈的歷史腳步

第1章 區塊鏈的歷史腳步

從記帳開始的人類智慧

　　不知你是否有過這樣的經歷？明明覺得自己能記住的事情，過了一段時間就淡忘了，特別是時間、地點這些精確的細節，要想記得精確更是難上加難。

　　因此，從小老師就建議我們養成寫日記的好習慣，一方面提升我們的寫作能力，另一方面也是輔助我們記錄生活。當然，日記裡不僅要對一件事情的時間、地點、人物等要素進行記錄，更主要的是要描寫自己的所見、所聞和所想。所以，如果你只是把已經發生過的事情一條條羅列，老師往往會笑著說你寫的日記像「流水帳」。

　　雖然「流水帳」不強調文采，但是它的作用還真不小。比如在課堂上，同學們經常需要記「流水帳」一樣的筆記，這樣課後複習的時候就方便多了。

　　無論是寫日記還是記課堂筆記，實際上都是「記帳」的一種形式。在我們的生活中，記帳真的很重要，不論是個人，還是家庭，每天買了多少東西、每個月收入多少、支出多少，最好都一筆一筆清晰地記錄下來。記帳是生活管理的基礎。

會記帳，可以說是我們人類獨一無二的技能。你的日記、課堂筆記、社交平臺發的動態，還有你的爸爸媽媽每個月開銷的紀錄清單、銀行列印的收入流水，都可以認為是一種記帳。有了記帳能力，人類就可以彌補自己「不太可靠」的記憶力，實在記不清的時候可以看一看帳本，這樣更有利於我們節約腦力和時間，在其他方面發揮聰明才智。

記帳的歷史已經十分悠久了。在幾萬年前的舊石器時代的中晚期，由於生產力的提高，我們祖先所在的原始部落裡出現了一些剩餘物資，這時單憑頭腦記數和記事已經不能滿足需求了，人們不得不在頭腦之外的自然界去尋找幫助記事的載體以及進行記錄的方法。

那時的記帳方法非常原始，多是用堅硬的石塊在石頭、獸骨、樹木等載體上刻劃記號，這些記號通常只有刻劃者自己才能理解，別人只能揣測。在中國，有一個距今約2萬多年的山西峙峪人遺址，該遺址發現了幾百件有刻紋的骨片，歷史學家推測這些刻紋可能是用來表示數量的。而在同一時期的甘肅劉家岔遺址、北京周口店山頂洞人遺址都發現了有刻紋的鹿角。考古學家透過大量的發現已經證實，這些刻劃的線條和缺口都已經具備了「數」的概念。

一開始，人們記錄的符號非常形象，比如一個獵人今天捕獲了一些獵物，有牛、鹿或者兔子，他就會努力嘗試比較

第1章 區塊鏈的歷史腳步

完整、具體地畫出這些動物的樣貌來幫助自己記憶獵物的類別和數量，又費時又費力。後來人們只用少許幾筆就能明確地畫出這些獵物的主要特徵，比如用一對牛角代指一頭完整的野牛。換句話說，抽象的符號開始慢慢萌芽了。有了符號，我們就有了記帳最有力的工具。

隨著歲月變遷，更多的記帳工具和記帳所需的計算方法湧現出來，從結繩記事到後來的紙質帳簿，再到今天的電子表格，從古老的算盤到今天的演算法和軟體，我們記帳的本領越來越強大。本書要討論的區塊鏈可以說是記帳這門技術的集大成者，所以經常有人將區塊鏈形容為執行在網路上的「大帳本」。如果把這個「大帳本」技術運用到金融領域，就變成了我們常說的「數位貨幣」。

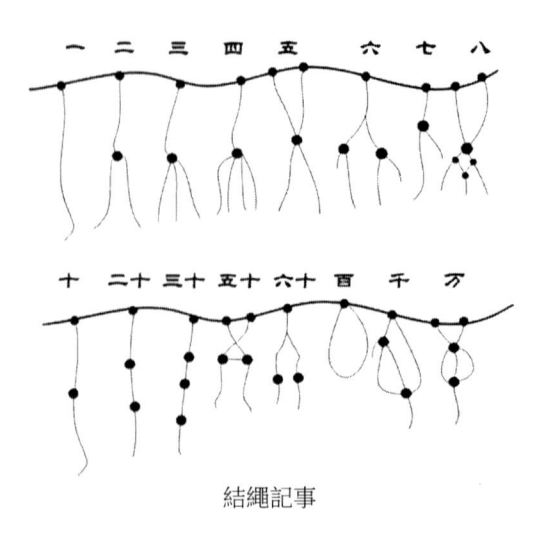

結繩記事

從記帳開始的人類智慧

古老的帳本

古老的算盤（北京科學中心具象數學展廳）

第 1 章　區塊鏈的歷史腳步

區塊鏈正式誕生

　　區塊鏈這個名詞也許大家都不陌生，作為一個熱門詞彙，頻繁地出現在網路、電視、雜誌和書籍中。我們一提到區塊鏈，很多人先想到的就是比特幣，然後就會聯想到金錢和財富。其實這樣的理解是非常片面的，比特幣只是區塊鏈的一種金融應用，其合法性目前在絕大部分國家也得不到保證。區塊鏈本身是一種技術，而且還是一種很複雜、很有趣的技術。雖然有很多人經常在閒談中把區塊鏈掛在嘴邊，但其實很少有人能把區塊鏈中蘊含的技術原理講得很清楚。

區塊鏈正式誕生

區塊鏈的正式誕生頗具神祕色彩。2008年，網路上活躍著一個密碼學愛好者組成的郵件群組。不像大家現在天天使用社交網路，當時具有共同技術愛好的人往往以電子郵件群組的方式進行交流，而且群組裡的人都是匿名的。這個群組裡包含了一群熱衷於採用密碼學技術改變世界的技術愛好者，有大公司的科學研究人員、工程師、大學教授等。群組裡的人都十分熱衷於探討技術、交流思想。

2008年11月1日，一個署名為中本聰的人在這個群組中默默地發表了一篇論文，名為〈比特幣：一種點對點的電子現金系統〉。中本聰這個名字只是一個化名或者網名，這個人的年齡、國籍甚至性別至今都是一個謎。一開始，中本聰的這篇論文就像一粒小石子扔在開闊的湖泊中，沒有掀起太大波瀾。當時誰也沒想到，這粒小石子就像一個導火線，引爆了未來十幾年中最受關注的技術——區塊鏈。

2009年1月4日，比特幣世界第一個區塊產生，被稱為「創世區塊」，正式拉開了這場技術狂歡的序幕。隨著數位貨幣的火爆，區塊鏈吸引了全球大量的關注目光。全世界的媒體都在尋找中本聰，但沒人能找到，他就這麼憑空消失在眾人眼前。曾經有很多人聲稱自己就是中本聰本人，有的甚至展示了有史以來第一筆比特幣系統內的轉帳交易。但隨

第 1 章 區塊鏈的歷史腳步

後一封以中本聰的帳號釋出的郵件出現在網上，並聲稱：我不是你們說的那個人，我們每個人都是中本聰。

當然，區塊鏈並不是一項單一的技術，它是由很多技術組合而成的，包括數學、電腦網路、分散式計算、密碼學等。如果你要問，區塊鏈是中本聰發明的嗎？可以說是，也可以說不是。說是，是因為基於區塊鏈的整個比特幣技術體系是一種從未出現過的分散式帳本系統，非常具有創新性甚至是顛覆性，是比特幣將區塊鏈帶進了人們的視野；說不是，是因為這種分散式帳本技術仍然是站在前人的肩膀上完成的，早在區塊鏈誕生以前，這些技術大部分早已存在。

區塊鏈正式誕生

其實，學術界真正的「區塊鏈之父」並不像中本聰這樣神祕。一般認為區塊鏈的真正發明者是美國科學家史考特・斯托內塔（W.Scott Stornetta）和斯圖爾特・哈伯（Stuart Haber），早在1990年代，他們就提出了相應的技術，只不過當時還沒有區塊鏈這個名字。但是由於中本聰的神祕，大家對他一直念念不忘，畢竟我們至今也不能確定他究竟是誰，甚至不能準確地知道他的國籍和性別，在現在這樣一個資訊發達的全球化社會中，這是不可想像的。

第 1 章　區塊鏈的歷史腳步

多元化的實際應用

　　雖然提起區塊鏈，就會聯想到數位貨幣，但其實二者並不等同，不能混淆。前者是一種電腦技術，而後者是一種金融應用。但如果沒有數位貨幣在全球掀起的熱度，區塊鏈也不會發展得如此迅速，因此我們有必要來好好介紹一下數位貨幣。

　　比特幣屬於數位貨幣的一種，數位貨幣是個更為廣泛的概念。可以說，任何一個人，只要掌握了區塊鏈的基本技術，都可以創造屬於自己的數位貨幣，但問題在於這種數位貨幣是否被國家法律所允許？是否能被大眾認可和使用？如果答案是否定的，那麼這種數位貨幣就沒有意義。現如今，數位貨幣究竟火爆到什麼程度呢？據猜測，目前全球市場上能說得出名字的數位貨幣接近 2,000 種。

　　我們了解數位貨幣要從兩個角度著手，一個是金融的角度，另一個是技術的角度。如果我們不了解數位貨幣最基本的技術原理，那麼很難從金融的角度去理解。而如果我們不能真正理解數位貨幣，那麼就很容易受到蠱惑和欺騙。

第1章 區塊鏈的歷史腳步

　　由於大部分人對區塊鏈技術都很陌生，只是不斷地聽說和看到「去中心」、「分散式」、「匿名」、「不可竄改」這樣的詞彙，同時受到數位貨幣炒作出來的巨大「市值」的影響，非常容易掉入數位貨幣的詐騙陷阱。現在數位貨幣詐騙的受害者每年都在增加，甚至有的人傾家蕩產，這是非常值得我們警惕和思考的。

　　如果一種數位貨幣能夠確定是國家權威機構發行的，那麼大家就可以放心使用，那是絕對沒問題的。問題主要存在於那些自由發行的數位貨幣上。那麼我們如何辨識哪些是數位貨幣詐騙呢？其實只要我們堅守一些原則和底線，就不難做到。

　　數位貨幣誕生的初衷不是為了財富增值。中本聰在提出比特幣的時候，絲毫沒有提到使用比特幣能帶給你多少財富。任何一個國家發行法定貨幣的時候，例如歐元、美元等，都不會說「你使用了我的貨幣，你的財富就會增值」這樣的話，因為這些貨幣只是作為流通和交易的工具存在的。如果一個人告訴你，使用了他的數位貨幣，每年你可以賺多少錢，並且需要從你的錢包裡拿出真金白銀來投資、來購買，那麼這個人十有八九就是騙子了。

如果一種數位貨幣比較知名，那麼是不是就萬無一失呢？當然也不是。有時候有些人會拿著這些知名的貨幣當幌子，中間設定層層環節，其目的還是掏空你的錢包。換句話說，只要讓你把錢交給一個具體的人或者一個非官方的機構，那麼都是需要萬分小心的。

如果你充分了解了區塊鏈技術，那麼你的底氣就會變得比較足，因為你可以憑藉自己的技術實力使用數位貨幣，而不依賴其他人，受騙的機率就大大降低了。但這並不意味著沒有風險，因為目前很多數位貨幣已經背離了交易工具的初心，變成了炒作工具，而使用它們唯一的目的就是投機獲取財富。可以想想，如果一種數位貨幣不能直接購買牛奶、麵

第 1 章 區塊鏈的歷史腳步

包,只能透過兌換成貨真價實的錢幣來購買你需要的東西,那麼這種數位貨幣又怎麼能稱為貨幣呢?

歸根結柢,掌握知識才是防止被欺騙的最重要武器。區塊鏈是一種技術,數位貨幣也有美好的初心,它們是否能服務於我們的生活,最重要的還是看我們如何使用它們。

第 2 章
什麼是區塊鏈

第 2 章 什麼是區塊鏈

對等架構與去中心

我們經常說區塊鏈是一種「去中心化、對等的網路架構」。那麼這裡的「去中心化」和「對等」到底是什麼含義呢？其實這兩個概念是相互關聯的。網際網路的歷史並不算長，一般認為 1960 年代出現在美國的阿帕網是網際網路的開端。當時已經有不少組織或大學有了電腦，同時也就有了資訊分享的需求，這也是電腦網路出現的一個初衷。可見，網際網路的誕生建立在一些中心化的計算節點已經存在的基礎上，因此，利用中心化的思想建構網路是最簡單的途徑了。

另外，那時網際網路的建設目標主要是服務於軍事，當時的想法認為單一集中的軍事指揮中心萬一被摧毀，那麼整體的軍事指揮將處於癱瘓狀態，因此想要設計分散指揮系統，包括很多指揮點。這樣當部分指揮點被摧毀後，其他指揮點仍能正常工作，而這些分散的指揮點又能透過某種形式的通訊網取得聯繫。

第 2 章 什麼是區塊鏈

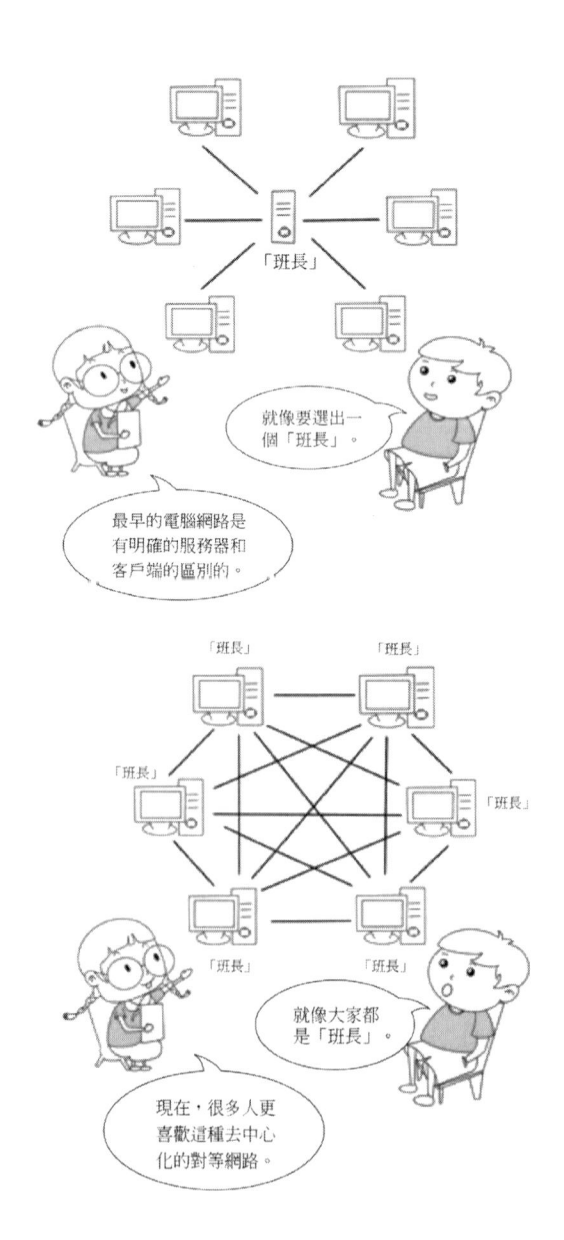

「班長」

就像要選出一個「班長」。

最早的電腦網路是有明確的服務器和客戶端的區別的。

「班長」「班長」「班長」「班長」「班長」「班長」

就像大家都是「班長」。

現在,很多人更喜歡這種去中心化的對等網路。

可以看出，網際網路誕生之初就已經出現了完全中心化的安全隱患，但解決的辦法並不是去中心化，而是建立很多具有類似功能的中心，然後用網路把它們連線起來。在一個真正的去中心化的網路裡，每一個接入網路的人或機器的地位都是完全平等的，你無法指出在網路裡，哪一臺電腦比另一臺更重要，所以這種網路也叫做對等網路，或者 P2P (Peer to Peer) 網路。因為區塊鏈技術一個最重要的初衷就是它會執行在一個完全平等的、沒有管理者的、可以完全自治的網路環境裡，因此去中心化的 P2P 網路形式自然而然會成為首選。

第 2 章 什麼是區塊鏈

對等架構與去中心

> 如果一個網路中，中心節點被攻陷了，網路就癱瘓了，而對等網路因為根本沒有中心節點，則不存在這個隱患。

> 你的意思是沒有將軍就可以了？

其實在我們平時的學習生活中，去中心化的溝通方式是最普通、最自然的方式了。可以想像一下，平時在學校，你和同學之間聊天的時候，是否還需要一個第三者站在你們中間來回傳話呢？這樣是不是感覺非常麻煩？所以說，去中心化的對等網路應該是溝通最自然的方式了。但完全的去中心化也會有缺點，比如你在國際學校，班裡的同學來自不同的國家，語言不同，相互之間如果想順暢地交流，需要學會幾門外語，這樣的做法遠不如有一個人掌握所有外語，然後大家透過他來進行交流更方便。

第 2 章 什麼是區塊鏈

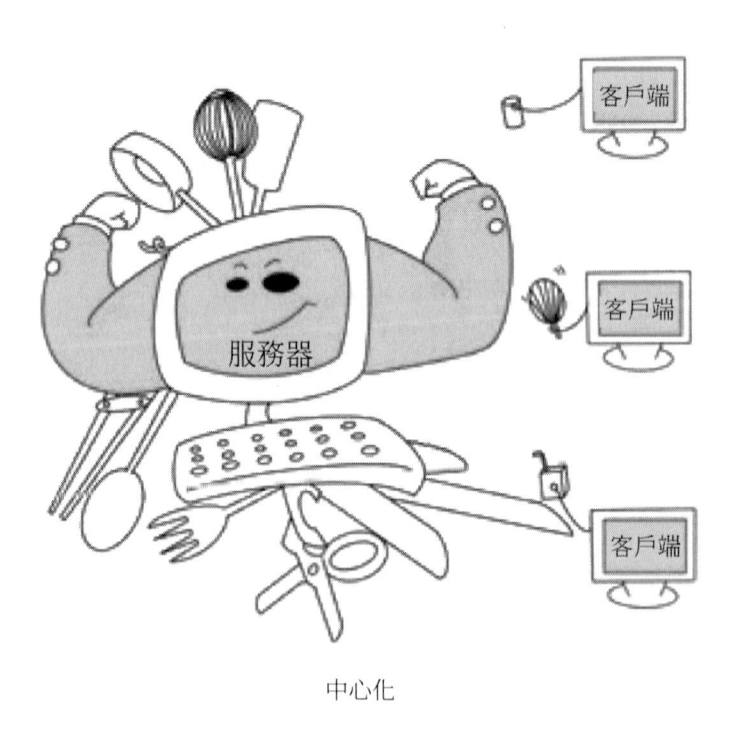

中心化

對等架構與去中心

對等網路中的每個節點都是全能選手，大家完全平起平坐，每個人都同等重要，其中有人病倒了，也不影響大家。

去中心化

第 2 章 什麼是區塊鏈

在對等網路中,節點平等的含義並不是他們的功能單一不變,而是他們在不同的場景中可以承擔不同的角色。比如說有一種廣泛應用的檔案下載協議叫做 BitTorrent(簡稱 BT),就是在 P2P 網路中建構的。一個人想要使用 BT 下載一個影片檔案,而這個檔案可能儲存於 P2P 網路中的任何一臺電腦上,這種情況下,這個人就是下載的客戶端,而擁有這個檔案數據的人則是伺服器端。一旦檔案下載完成了,這個人的角色馬上就發生了轉變,變成檔案數據的伺服器了,這樣就可以很方便地為網路中其他有需求的人提供下載服務。在這個 P2P 網路中,資源儲存是完全去中心化的,不同的檔案分散儲存在各個終端節點上。這種下載方式雖然帶給使用者方便,但也可能成為盜版電影、書籍等傳播的溫床,因為資源太過於分散了,為徹底清除盜版資源帶來很大難度。

對等架構與去中心

031

第 2 章　什麼是區塊鏈

　　可以說，去中心化面臨的最大挑戰就是當每個網路節點的能力不夠強大時，大家能不能透過合作的方式來完成複雜重要的任務。如果可以合作，那麼大家在溝通合作時出現了衝突如何達成共識、如何確保在這樣一個鬆散的網路中大家溝通的內容和釋出的資訊安全可靠。

　　上面這些問題在中心化的網路結構中其實並不是不存在，只是很多時候可以由能力強大的中心機構來解決。區塊鏈技術想要做到完全的去中心化，就要解決兩個核心的問題，一是在對等網路中依靠什麼方法保證資訊安全；二是在發生分歧時依靠什麼機制來協商從而達成共識。

區塊鏈中的數據如何儲存

區塊鏈中的數據都存放在區塊中。那麼區塊到底是怎樣存取數據的呢？其實，每個區塊就是一個占據了電腦中一部分儲存空間有一定結構的數據，和你存在硬碟上的照片和音樂本質上沒有任何區別，並不神祕。

我們知道，電腦是使用二進制的方式來儲存數據的。描述數據大小一般有兩種單位，一種叫位元 (bit)，另一種叫位元組 (byte，簡寫為 B)。位元是二進制位的英文簡稱，一個二進制位包含的資訊量就稱為 1 位元。位元可以說是電腦內部數據儲存的最小單位了。位元和位元組的關係也是固定的，1 位元組是由 8 位元組成的，換句話說，一個 8 位的二進位數就是一個位元組的大小。在區塊鏈技術中，一個區塊所占用的空間大小是需要被限制的。比如在比特幣中，區塊限制為 1MB 大小，具體位元組數就是 1,024×1,024 = 1,048,576B。

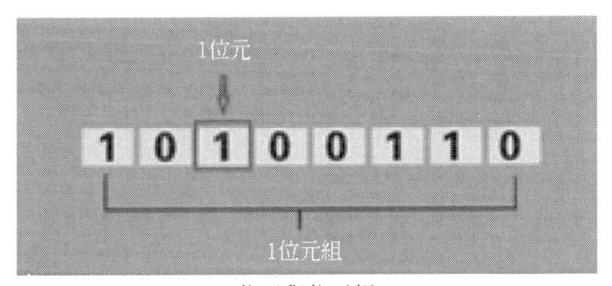

位元與位元組

8bit ＝ 1B

1,024B ＝ 1KB

1,024KB ＝ 1MB

1,024MB ＝ 1GB

北京科學中心具象數學實驗室裡的二進制計算機

為什麼我們要對區塊的大小「斤斤計較」呢？這是因為隨著時間的推移，鏈條中的區塊也會越來越多，每個區塊的大小會極大地影響網路速度和容量。舉個例子，如果允許每

第 2 章 什麼是區塊鏈

個人都將自己所有的生活照片和錄影放在區塊裡面,那麼區塊鏈就會變得極為臃腫,不光電腦承受不了,電腦與電腦進行數據傳輸和同步也會非常緩慢,這樣區塊鏈就失去應用價值了。

一個區塊的結構又分為兩大部分,一部分是區塊頭,另一部分是區塊體。一般來講,區塊頭的大小是固定的,換句話說,每個區塊的區塊頭都一樣大,而區塊體的大小則是不確定的。以比特幣為例,其區塊頭會占用 80 位元組,裡面存放了版本資訊、時間資訊、與工作量證明相關的資訊和關聯區塊的數字指紋,這裡的數字指紋其實是指雜湊值。那什麼是工作量證明和雜湊值呢?這其實是區塊鏈技術的精華所在,後面的章節會為大家詳細介紹。而區塊體裡面存放的資訊內容就和區塊鏈應用的場景息息相關了,比如常見的數位貨幣應用,那麼裡面存放的就是使用者具體的交易資訊。

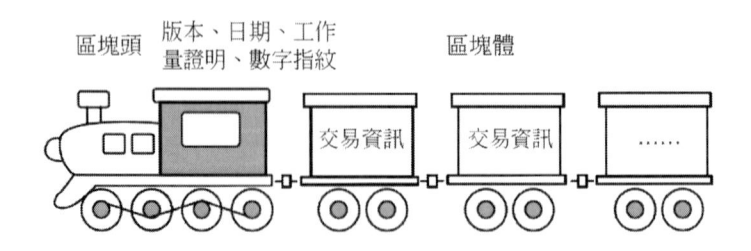

如何防止造假與內容變更

　　在網際網路的世界裡，有時會碰到這樣的問題，我們可能費了很大力氣最終下載了一個假檔案，跟我們期望的檔案完全不是一回事，既浪費了我們的時間也傷害了我們的感情，這種檔案可能是一個很大的壓縮包，也可能是一部高畫質影片。那麼有沒有什麼方法可以判斷一個檔案，特別是一個大檔案，究竟是不是我們想要的那個檔案呢？換句話說，我們有沒有什麼方法可以很快地比較一下兩個檔案是不是一模一樣呢？

第 2 章　什麼是區塊鏈

　　想要判斷兩個檔案的內容是否真的一模一樣，最簡單的方法就是一個位元組一個位元組地比對，如果所有的位元組都一樣，那就說明兩個檔案一樣。但這種方法對於特別大的檔案來說效率太低了，比如兩個大小一模一樣的檔案，都是50GB，其中只有一個位元組不一樣，那為了找到這個不一

如何防止造假與內容變更

樣的位元組而把兩個檔案所有的位元組比對一番，需要花很多時間。有沒有什麼更好的方法呢？

第 2 章　什麼是區塊鏈

試想一下,如果一個檔案有類似我們人類「指紋」一樣的可辨識的特徵就好啦。我們就可以透過對位元徵,而不是全部檔案來判斷兩個檔案是不是一樣。或者我們透過檢查檔案的特徵是否有變化來判缺貨案是不是被竄改過。這件事情在區塊鏈裡面特別重要,因為如果沒有這種技術,我們就很難判斷區塊中儲存的資訊是否被竄改過,那麼區塊鏈的安全性也就很難保證。目前,我們找到了一種非常好的方法來解決這個問題,那就是雜湊演算法。

雜湊演算法理論上是一種只能加密而不能解密的密碼學演算法,又叫訊息摘要演算法,「雜湊」是英文單字「Hash」

的意譯。它的基本原理是把任意長度的輸入值,透過雜湊演算法變成固定長度的輸出值。這個轉換的規則就是對應的雜湊演算法,而原始數據轉換後的二進位字串就是雜湊值。雜湊演算法並不指某一個具體的演算法,而是一類演算法的總稱。任何檔案都可以是雜湊演算法的輸入,可以是一段影片、一首歌曲,也可以是一個程式或一張圖片,無論它們的體積是大還是小,透過雜湊演算法的運算後都能得到同樣長度的雜湊值,也就是形如「1886dba4」這樣的字元串。而且,好的雜湊演算法保證了兩個不同輸入檔案生成同樣的雜湊值的機率非常低。這樣我們就可以認為雜湊值就是電腦中檔案的「指紋」。

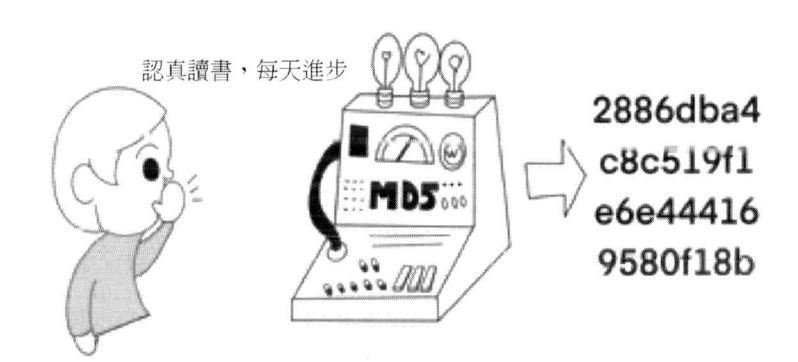

認真讀書,每天進步

MD5

2886dba4
c8c519f1
e6e44416
9580f18b

那麼有沒有這樣一種情況,就是兩個檔案不同,但對應的雜湊值卻是相同的?這就好比世界上有沒有兩個不同的人指紋卻是相同的呢?這種情況還真是有可能發生的,只不過

第 2 章　什麼是區塊鏈

機率很低。就拿指紋來說吧，有科學家做了估算，從遺傳學和統計學角度分析，假設地球上擁有 60 億人口，那麼要出現兩個人的指紋相同，平均也要 6,000 年左右才會出現一次。而對於雜湊值的計算來說，演算法越好，那麼出現衝突（兩個雜湊值相同）的可能性就越小，我們將這種衝突叫做雜湊值的碰撞。但無論多麼好的演算法都避免不了碰撞，這又是為什麼呢？

其實道理也很簡單，用我們熟悉的抽屜原則就可以解釋。假如我們有一種非常簡單的雜湊演算法，不管輸入何種數據，它都會給出一個兩位二進位數作為雜湊值。那麼實際上可能存在的雜湊值就只有 4 種，分別是「00」、「01」、「10」和「11」。

假設我們現在有 5 個不同的檔案要進行雜湊計算。如果把這四種雜湊值的情況比喻成 4 個抽屜，而這 5 個檔案比喻成 5 個蘋果。那麼問題就變成要把這 5 個蘋果放到 4 個抽屜裡，無論怎樣放，我們會發現，至少有一個抽屜裡面需要放不少於 2 個蘋果，也就意味著至少會有 2 個檔案產生同樣的雜湊值，這就發生了我們所說的雜湊值的碰撞。

要想讓雜湊值的碰撞發生的機率降低，最簡單的辦法就是增加「抽屜」的數目。例如有一種雜湊演算法被稱為 MD5 演算法，它可以產生 128 位的雜湊值。那相當於「抽屜」有多少個呢？那就是 2 的 128 次方，算出來等於 340,282,366,920,938,463,463,374,607,431,768,211,456 個。這是一個非常龐大的數字，所以發生雜湊值的碰撞的機率就變得很低了。

第 2 章 什麼是區塊鏈

雜湊演算法還有一個特別重要的特點，那就是相同的數據輸入會得到相同的雜湊值，而輸入數據的微小變化會得到完全不同的雜湊值。而且完全不能透過雜湊值來反推輸入數據是什麼。這跟我們的指紋很像，即便是親兄弟，其指紋可能相差也很大；而且也完全不能透過人的指紋來推斷出這個人的相貌、身高等其他特徵，否則的話，我們就變成傳說中會看手相的算命先生啦。

第 2 章　什麼是區塊鏈

　　雜湊演算法的用途非常廣，可以用於數據保護和數據校驗等多種場合。比如我們登入一個網站往往需要利用密碼進行身分認證。但是你的密碼最好不要以「明文」的方式存放在網站後臺的資料庫裡，因為這樣的話很可能會被別有用心的人從資料庫中竊取。資料庫管理者可以把密碼透過雜湊演算法轉換成雜湊值存放在資料庫中，這樣即便有一個小偷看到了雜湊值，也不可能反推出原來的密碼到底是什麼，這個密碼的真實值只存在於你的腦海裡。但當你使用密碼登入的時候是怎麼處理的呢？你輸入的密碼會被轉換成雜湊值再和資料庫中儲存的雜湊值比對，如果一模一樣，就會認為你的密碼輸入正確。

所有的密碼都被我轉換成雜湊值記錄下來了，萬無一失，你永遠猜不出！
妳果然在防備我！
密碼本
完啦，全忘了！
根據雜湊值是無法反推輸入數據的，但願那些密碼妳還記得！
密碼本

第2章 什麼是區塊鏈

　　雜湊值的另一個用途是做檔案校驗。比如我們使用的網路硬碟有這樣一種功能，叫做瞬間上傳或者極速秒傳。也就是你上傳一個很大的檔案，比如一個 4GB 大小的影片檔案，好像沒用幾秒鐘就一下子傳上去了。這個看著很神奇的功能跟雜湊演算法有關。其實這個檔案在網盤裡已經存在了，可能是一個你完全不認識的人先於你上傳的，雲端硬碟軟體發現了你的檔案和這個已經存在的檔案一模一樣，就主動地把這個檔案的連結關聯到你的雲端硬碟空間裡了。當然，想要知道你的檔案是否已經在雲端硬碟上，需要進行檔案校驗，這是一個非常耗時的過程。幸好有雜湊演算法，雲端硬碟軟體先根據你的檔案算出雜湊值，然後用雜湊值校驗雲端硬碟中所有檔案的雜湊值，如果發現一樣的就說明校驗成功了。但是，如果你想上傳的檔案在雲端硬碟中根本不存在，那麼極速秒傳這種功能就實現不了啦。

如何防止造假與內容變更

第 2 章　什麼是區塊鏈

　　那麼，雜湊演算法又是如何在區塊鏈技術中大放異彩的呢？顧名思義，區塊鏈就是由區塊構成的鏈條，而雜湊演算法就是保證鏈條中區塊能夠安全串聯起來的重要技術。要想知道它們是如何結合的，讓我們先看看電腦中的「鏈」到底是什麼。一般來說，鏈是一種資料結構，特指首尾相連的資料區塊。就好像幼稚園的小朋友們去公園玩的時候，老師往往會叮囑，讓大家排成一隊，而且每個小朋友都要拉住前面小朋友的衣服，這樣，大家就形成一個相對比較安全的鏈條了。對於一個小朋友來說，他只需要關心前面小朋友的位置並和他保持連線就可以啦，至於其他小朋友到底在哪裡，他是不用關心的。

第 2 章 什麼是區塊鏈

　　區塊鏈就是一種類似的資料結構，區塊和區塊之間首尾相接地連在一起，形成一條鏈的同時又體現了區塊建立的時間關係，即越靠前的區塊建立的時間就越早。這樣，數據就能比較好地儲存在區塊鏈中。

　　但是，這樣的鏈式資料結構有一個問題，就是我們如何去防範那些居心叵測的人將區塊中的資訊竄改掉呢？用上面排隊的例子來打比方，一個小朋友只需要抓住前面小朋友的衣服，但如果前面的小朋友偷偷來了個金蟬脫殼，會不會換了一個小朋友而後面的小朋友卻一無所知？這樣的話，區塊鏈的安全性就很難保證了。

如何防止造假與內容變更

那麼如何確保我們能迅速發現區塊鏈中的區塊被竄改了呢？這時候就要使用雜湊值了。當每一個新區塊要加入區塊鏈時，它會單獨開闢一個位置，存放前面區塊內容對應的雜湊值，依此類推，區塊鏈中只要有任何一個區塊內容被竄改了，哪怕只是改了一個字元，都一定會被後面的區塊發現，因為被竄改區塊的雜湊值一定會發生變化，是無法透過校驗的。

第 2 章 什麼是區塊鏈

　　如果真的有居心不良的人想竄改一個區塊的內容，那麼他將面臨一個十分浩大的工程，因為一個區塊改變以後，緊跟著後面的每一個區塊都需要被合法地改變，否則雜湊值校驗就不會通過。也許有人會說，那就將所有的區塊都竄改吧，反正現在電腦的運算能力非常強大。其實沒這麼簡單。大部分區塊鏈系統在建立區塊的時候採用了一種叫做「工作量證明」的共識機制，這個機制在本書的後面會詳細介紹。簡而言之，就是建立一個區塊需要經過大量的計算，而竄改區塊實際上就相當於新建區塊，同樣需要大量的計算。對於很多人來說，計算出一個區塊都很不容易了，何況他還要重新計算緊跟著這個區塊後面的所有區塊呢！對於有的區塊鏈系統來說，只有控制了全部算力的 51% 以上才能夠真正地竄改區塊鏈中的內容。這是什麼意思呢？就是你要證明你的力氣足夠大，要大到超過其他人所有力氣總和的一半才可以。否則一旦你有什麼非法的舉動，一定會被正義的力量發現並糾正。

如何防止造假與內容變更

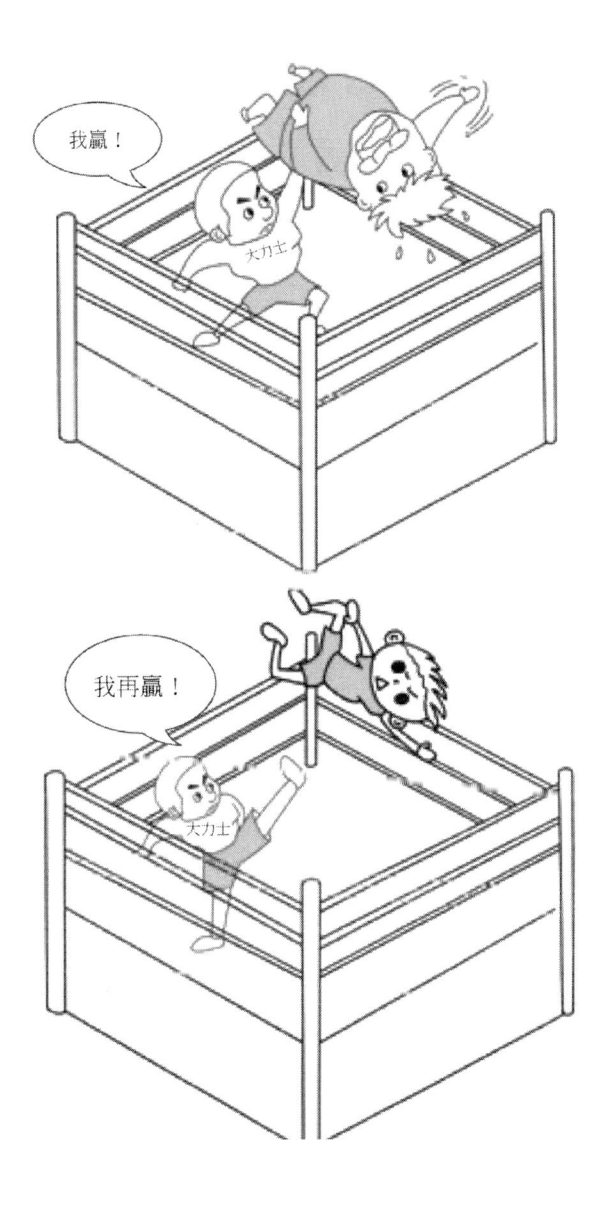

第 2 章 什麼是區塊鏈

資訊加密與保護

　　針對不同的應用需求，區塊鏈的區塊中可以存放各種資訊，當這些內容不太重要時，可能我們還不會注重資訊安全問題。但是有些應用場景十分的敏感，比如數位貨幣的應用，或者各種數位資產的交易（比如你拍攝的照片、你撰寫的文章都屬於你個人的數位資產）。在這些場景中，我們隨時要防備不法之徒來竊取或者竄改正確的資訊。這時我們就需要行之有效的手段對資訊進行加密，或者對資訊交流過程中雙方的身分進行確認。而這一切問題的解決，都要靠密碼學來幫忙。在區塊鏈中，我們主要利用密碼學中的非對稱加密技術來解決資訊保護和身分驗證的問題。

第 2 章 什麼是區塊鏈

既然有非對稱加密演算法，當然也就存在對稱加密演算法了。其實古老的加密演算法都可以認為是對稱的加密演算法，也就是加密和解密使用同一把加了密的「鑰匙」，稱之為金鑰。在這裡我們雖然用了鑰匙這個較為形象的描述，但其實所謂的金鑰可以是各種形態，最常見的金鑰就是一個密碼本。

大家可能都聽說過摩斯電碼，這是一種時通時斷的訊號代碼，非常簡單，透過通斷訊號的不同排列順序來表達不同的英文字母、數字和標點符號。如果一個人透過摩斯電碼來加密了一段文字，那麼不懂該電碼的人是完全看不懂的。而一個手拿著摩斯電碼表的人就可以很容易地破譯加密訊息的內容。在這裡，摩斯電碼表就是我們所說的金鑰了。

摩斯電碼表

字符	電碼符號	字符	電碼符號	字符	電碼符號
A	·—	N	—·	1	·————
B	—···	O	———	2	··———
C	—·—·	P	·——·	3	···——
D	—··	Q	——·—	4	····—
E	·	R	·—·	5	·····
F	··—·	S	···	6	—····
G	——·	T	—	7	——···
H	····	U	··—	8	———··
I	··	V	···—	9	————·
J	·———	W	·——	0	—————
K	—·—	X	—··—	?	··——··
L	·—··	Y	—·——	/	—··—·
M	——	Z	——··	( )	—·——·—
					—····—
				·	

第 2 章　什麼是區塊鏈

摩斯電碼表與電報通訊

　　據中國古代兵書《六韜》記載，3,000 多年前，姜子牙就已經發明了「陰符」作為軍事密碼了。到了明朝，中國軍事家戚繼光還發明了一種「反切碼」，這種密碼以兩首詩歌作為「密碼本」。取前一首中的前 20 個字的聲母，依次編號為 1～20；取後一首 36 個字的韻母，順序編號為 1～36。再將當時福州方言字音的八種聲調，按順序編號為 1～8，形成完整的「反切碼」體系。它的使用方法是：如送回的情報上的密碼有一串是 5－25－2，對照聲母編號 5 是「低」字，對照韻母編號 25 是「西」字，聲母和韻母合到一起就是 di，對照聲調是 2，就可以切出「敵」字。

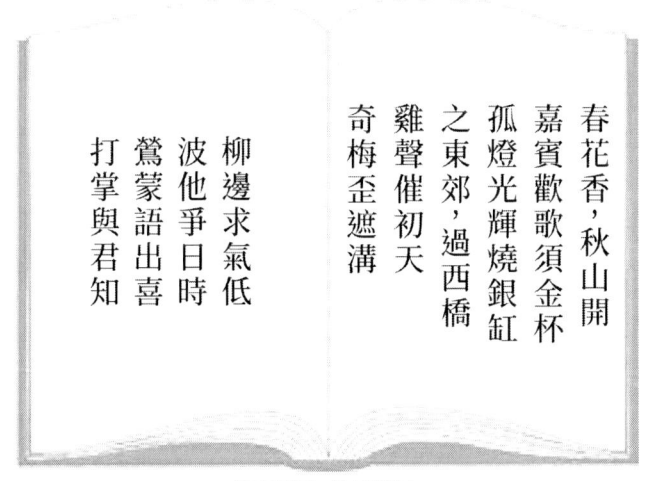

春花香，秋山開
嘉賓歡歌須金杯
孤燈光輝燒銀釭
之東郊，過西橋
雞聲催初天
奇梅歪遮溝

柳邊求氣低
波他爭日時
鶯蒙語出喜
打掌與君知

「反切碼」的密碼本

　　這些古老的對稱加密演算法有一個重大的缺點，就是金鑰很容易被竊取，一旦被竊取，以前所有利用該金鑰加密的內容就都大白於天下了。但為了傳遞訊息，我們也無法將金鑰私藏，還必須將他們送給訊息接收者，這樣洩密的機率就大大提高了。

第 2 章 什麼是區塊鏈

資訊加密與保護

　　為了解決上面這些問題，人們逐漸發展出了非對稱加密演算法。非對稱加密演算法是一類演算法的總稱，主要特點就是擁有公開金鑰和私密金鑰兩種金鑰，而公開金鑰和私密金鑰是同時生成的，不能胡亂搭配。顧名思義，私密金鑰被其擁有者私有，是不應該洩露出去的，而公開金鑰是可以釋出讓所有人使用的。對於任意一段訊息，想要加密的話，就需要將這段訊息和一個金鑰進行搭配，作為演算法的輸入，而演算法的輸出就是密文了。輸入的金鑰既可以是公開金鑰，也可以是私密金鑰，只不過用公開金鑰生成的密文只有用私密金鑰才能解開，用私密金鑰生成的密文只有用公開金鑰才能解開。

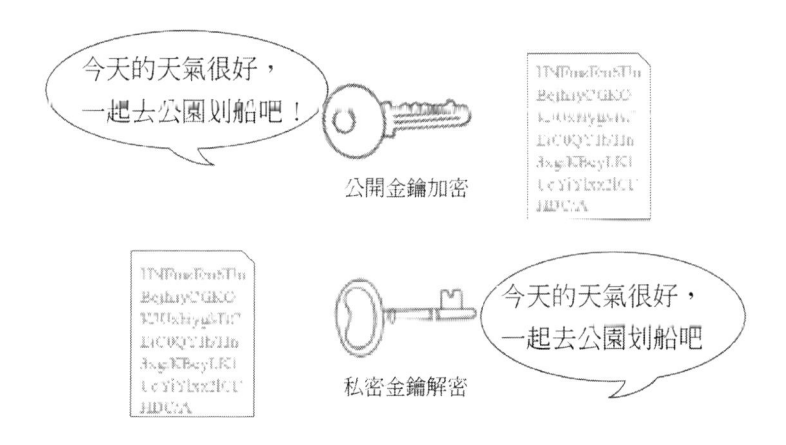

公開金鑰加密

私密金鑰解密

第 2 章　什麼是區塊鏈

　　非對稱加密在區塊鏈中主要包括兩種應用場景。一種場景是兩個節點間在通訊的同時需要將通訊的內容加密。而另一種場景是驗證一段資訊作者的真實身分，也就是我們所謂的數位簽名。

　　比如節點 A 想發送給節點 B 一封信，那麼 A 需要使用 B 釋出的公開金鑰對這封信進行加密，形成密文，這封密文信除了 B 以外是誰也解不開的，即便是 A 也解不開（當然 A 也不需要解開，因為 A 是知道原始信件內容的）。B 收到了這封信以後，使用私密金鑰就可以解開這段密文，獲得真實資訊了。這樣的好處是顯而易見的，B 不需要洩漏自己的私密金鑰給任何人，除非有人竊取了 B 的私密金鑰，否則整個加密解密過程是非常安全的。如果反過來，B 想回信給 A 怎麼辦呢？他肯定不能用自己的公開金鑰為信加密，因為這樣 A 是解不開的。他需要使用 A 提供的公開金鑰就可以啦，因為 A 自然擁有相對應的私密金鑰。按照上面的做法，訊息就可以很安全地在區塊鏈網路中傳遞，而不需要擔心被第三方偷窺了。

資訊加密與保護

阿呆真厲害！

阿呆把發給班級的群發郵件進行了非對稱加密，想看內容還需要先下載他的公開金鑰，真麻煩！

作繭自縛……

不過沒事，全班同學回給他郵件時也都各自加了密，他今天已經折騰三個小時查看回信了。

065

第 2 章　什麼是區塊鏈

　　我們現在還面臨一個問題，就是 B 是如何確定這封信一定是 A 發出的呢？如果有人想偽造 A 發信，也是很容易的啊！這就需要數位簽名技術了。其實不光是節點間互發訊息，區塊上存放的紀錄也是需要用數位簽名來確定其擁有者的真實性的。數位簽名也用到了非對稱加密技術，只不過這種情況是用私密金鑰加密，用公開金鑰解密的。假設 A 想發給 B 一封信，在信的尾部想做一個數位簽名，首先他利用雜湊演算法將信的內容生成一個雜湊值，然後使用自己的私密金鑰將這個雜湊值進行加密，加密的結果就是數位簽名。

資訊加密與保護

第 2 章　什麼是區塊鏈

　　這封信的內容可以再次進行加密發給指定的人，比如使用 A 提供的公開金鑰加密發給 B，也可以完全不加密地公開，發給任何人。因為這封信上數位簽名的目的不是為了保密，而是為了證明發信人的真實身分是 A。如果一個人想確定這封信的真實性也很簡單，他可以用 A 提供的公開金鑰對數位簽名來解密。如果解不開，證明這封信肯定不是 A 發出的；如果解開了，就能夠證明這封信的確出自 A 的手筆。但是，雖然確定了簽名的真實性，又該如何確定信的內容沒被竄改呢？這也好辦，因為數位簽名裡包含了信件內容的雜湊值，只需要根據公開的信件內容計算出相應的雜湊值，進行比對就可以了。

資訊加密與保護

第 2 章　什麼是區塊鏈

　　目前來看，我們還面臨一個風險，即我們如何確定公開金鑰的真實性。假設有一個不懷好意的 C 入侵了 A 所在的電腦，那麼他可以用 C 的公開金鑰來冒充 A 的公開金鑰進行釋出。這樣，C 就可以冒充 A 寫信給大家了，收到信的人很難辨識真假，因為他們是可以用假冒公開金鑰順利地解密數位簽名的。要想解決這個問題，我們必須藉助一個有公信力的第三方機構 —— 證書中心。證書中心的任務是釋出各種訊息的權威認證，也可以對公開金鑰進行認證。對於 A 來講，他首先要將自己的公開金鑰提交到證書中心，證書中心會將公開金鑰資訊和 A 的個人資訊組合以後利用證書中心的私密金鑰進行加密，這個加密的結果就叫做證書。這樣 A 在發送信件的時候不但要附帶數位簽名，還要附帶證書。B 收到這封信以後，首先透過證書中心的公開金鑰將證書解密，確定這個證書裡面的公開金鑰對應的就是 A 本人，這樣這個公開金鑰就很令人放心了。接著 B 就可以利用認證過的公開金鑰對信件的數位簽名進行解密了。

資訊加密與保護

第 2 章 什麼是區塊鏈

當然,也許你要問,如果證書中心被劫持了怎麼辦啊?我到底該相信誰呢?其實,網路世界和現實世界一樣,沒有百分之百的安全,所有的加密演算法都有可能被破解,只不過是難度大小的問題。密碼學就是在「道高一尺,魔高一丈」的相互交鋒中不斷發展起來的。至少目前來看,結合了資訊內容非對稱加密和數位簽名的技術,我們就可以基本保證區塊鏈中的區塊內容和節點互動的資訊安全可靠了。

當然,所有的安全都有一個大前提,就是私密金鑰和個人帳戶一定要保護好。一旦私密金鑰被竊取,或者個人帳戶被盜用,一切保護措施就都失效了。

資訊加密與保護

你看我家門上的電子鎖，採用了密碼學加密、虹膜識別、指紋識別、人臉識別等多重防盜技術，可以說萬無一失。

妳還真是小心。

不好了，小偷從妳家窗戶跳進去，把東西都偷走了……

073

建立信任的共識機制

在我們平時的生活中,有些事情往往需要大家達成共識才能解決,如果不達成一致意見,再小的事情都有可能引發一場爭吵。達成共識的方法有很多種,小範圍的共識可以用相互商量的方式解決,因為參與者往往彼此信任,大家自然而然地遵循著少數服從多數的原則。如果需要商量的人變多了,或者需要決策的事件比較重要,就得有一套有效的流程來組織這個商量的過程。例如中學生小明的班裡要選班長,老師會制定一個選舉投票流程,讓大家透過投票,並按照少數服從多數的原則來決定是誰當選。班長一旦選出了,即便沒有投票給他的同學也會承認選舉結果,這就說明全班同學最終達成了共識。

建立信任的共識機制

聽說你們足球隊昨天選隊長了？誰當了？

別提了，大家說讓技術最好的阿呆當就行，可是有人覺得應該投票選舉，結果折騰了一晚上才選出來。

阿呆！

不錯啊，最後誰的票數最高？

第 2 章　什麼是區塊鏈

　　但是，這種生活中基於投票的共識方法有很多問題。首先，它需要一個大家都信任的人來對投票過程進行組織和管理，比如班級的老師。其次還需要投票人之間充分信任，確保沒有搗亂分子去竄改投票結果。但是在電腦網路的世界這些條件都不具備了。正如我們前面所講，區塊鏈的世界是一個去中心化的網路世界，每個電腦節點都是平等的存在，不存在像「老師」一樣具有管理和組織功能的權威節點。而且節點之間也互不信任，也許還存在有特殊目的的搗亂分子。在這種環境下，對任何事情進行決策和共識都是個不小的挑戰。

　　比如我們知道，區塊鏈是一個環環相扣的「大帳本」，第一個要決定的事情就是：下一筆帳由誰來記。為了鼓勵大家記帳，區塊鏈的機制中會給記帳人一些獎勵。例如在用於交易的區塊鏈系統裡，這種獎勵可能就是貨真價實的數位貨幣。有了回報，大家就有主動認真記帳的動力了。

建立信任的共識機制

第 2 章　什麼是區塊鏈

> 要不要大家都舉手，誰舉得快誰來記。

> 那妳說誰來判斷舉手快慢呢？別忘了我們是去中心化的，沒有裁判。

> 你說怎麼辦？

> 區塊鏈告訴我們：好好認真記帳，辛苦付出了，就會得到獎勵，如果隨便亂記帳，不但根本不可能得到獎勵，還非常容易被發現，辛苦也就白付出了！

為了爭奪「記帳權」，區塊鏈中的每一個節點都要去解決一個十分複雜的問題，誰先解決了，下一個區塊就由誰來新增。對於電腦來講，能讓它們感覺到辛苦的當然就是數學計算了，所以這種證明自己計算能力的過程在區塊鏈中叫做工作量證明。

下面的問題就來了，這樣的計算問題需要如何來設計呢？這可不是隨便什麼數學問題都可以，它需要具備下面的條件才行。

首先，這個問題必須每個節點都會算，但需要消耗一定的計算時間，並且問題的計算難度需要能方便調整。就像老師出考試卷，一定要根據班級同學們知識掌握的熟練程度來控制題量，否則會導致同學們在規定的時間內無法做完。對於區塊鏈來講，所有節點的平均計算能力變強了，題目就難一點，反之就簡單一點，這樣能保證總有人在可接受的時間裡完成計算。

其次，問題的答案必須是一次性有效的，否則只有第一次需要花費算力來計算，而後續照抄就可以了。例如像「計算圓周率小數點後多少位數」這類問題就不行，因為它的答案是固定不變的。

最後，這個計算問題的答案要保證別人偷走了也用不了，否則萬一有電腦駭客盜竊了你的結果，搶在你前面提交答案就糟了。

第 2 章 什麼是區塊鏈

要想找到這樣的問題是很不容易的，中本聰的最大貢獻之一就是找到了這樣一類問題，我們來看看究竟是什麼吧。

區塊鏈中的工作量證明實際上是一個描述起來特別簡單的問題，我們可以用一個小例子來類比。假設一個不透明的口袋裡放了 10 個小球，分別寫著 0 到 9 這 10 個數字。然後讓一個小朋友從裡面一個個拿球。我們規定一旦拿到數字小於 2 的球，這個小朋友就獲勝了。也就是說這個小朋友想要勝利，只要拿到 0 號球或 1 號球其中一個就可以了。其實對於小朋友來說這個遊戲有些漫長，因為不會總有那麼好的運氣，前兩次摸球就能拿到這兩個球，畢竟在 10 個球當中，2 個球是少數，很多時候小朋友需要拿五、六次球才能結束遊戲。

第 2 章 什麼是區塊鏈

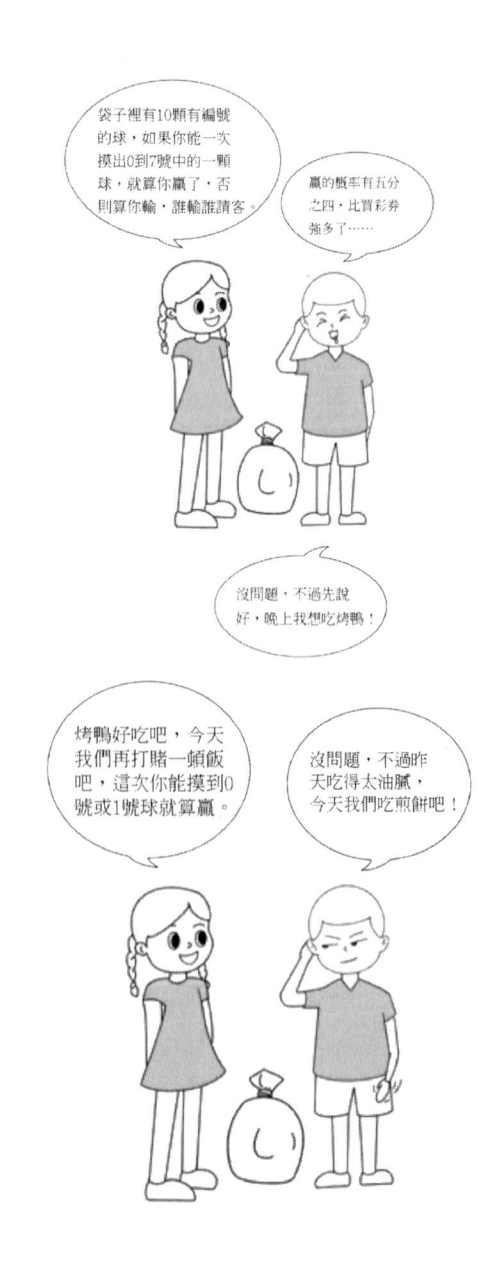

我們怎麼才能減小遊戲難度,讓小朋友快點獲勝呢?很簡單,只要將「數字小於 2」這個條件變成「數字小於 8」就行了,這樣很多時候,小朋友第一次摸球就能獲勝啦。

在區塊鏈中,我們控制工作量證明計算難度的方法和摸小球遊戲是一模一樣的,只不過在這裡,小球上的數值變成了我們之前介紹過的雜湊值,而隨機摸小球的過程就是我們計算一個雜湊值的過程。如果你要問雜湊值計算的輸入是什麼,也很簡單,就是我們在區塊鏈中想要記帳的那個新區塊的內容。具體來說,可以這樣理解區塊鏈「記帳」權爭奪中的工作量證明問題:系統給出了一個雜湊值,不同的節點計算出自己想要新增的區塊對應的雜湊值,誰先計算出一個比系統給出的雜湊值小的結果,誰就擁有「記帳」權。

如果系統想讓這個計算問題變得更難,只需要將給出作為標準的雜湊值設定得很小就可以了。相反,如果系統發現在一段時間內新區塊新增的速度很慢,說明大家的計算能力都降低了,系統就會將作為標準的雜湊值調大。總之,系統就像一個了解大家學習狀態的老師一樣,能根據學生的計算能力調整問題的難度。在當前的比特幣系統中,系統會根據對網路中計算能力的估算,將新區塊新增的時間控制在 10 分鐘左右。

第 2 章　什麼是區塊鏈

對於一個節點來講，想要計算出一個合適的雜湊值是不容易的，這個過程有人管它叫做「挖礦」。這些負責計算的電腦節點叫「礦工」。那麼「挖礦」的具體過程是什麼呢？

建立信任的共識機制

第 2 章　什麼是區塊鏈

　　如果你想獲得「記帳」權，那麼就要用你想新增的區塊作為輸入算出一個雜湊值，和系統規定的雜湊值進行比大小。一般來說第一次就成功的機會不大，如果不成功怎麼辦呢？我們可以對區塊中的內容稍加修改，這樣下一次就能算出一個完全不一樣的雜湊值。當然，我們是不能隨便修改區塊中有用的內容的，比如不能將「小明欠我 5 塊錢」這樣的資訊隨便改成「小明欠我 6 塊錢」，這就屬於帳目造假啦。那麼我們改什麼內容呢？幸好我們在區塊專科門存放了一個數字，這個數字沒有別的用處，就是用來幫助我們計算不同的雜湊值的，我們只要每次把這個數加 1 就行了。這樣就保證我們可以不斷地改變區塊的內容，進而不斷生成新的雜湊值。直到有一天，新的雜湊值小於系統給定的雜湊值，我們就算挖礦成功啦！

　　不過在你還沒有計算出合適的雜湊值之前，如果其他人已經計算出滿足條件的結果了，你該怎麼辦呢？沒別的好辦法，只能放棄之前的計算結果，把目標轉到下一個區塊的「記帳」權爭奪。在工作量證明的世界裡，實力就是硬道理，誰的計算能力強，就能在同樣的時間裡算出更多的雜湊值，誰就有更大的機會獲取「記帳」權。

　　也許你還想到了一種風險，你好不容易算出來一個滿足條件的雜湊值，被別人看到了，竊取了你的勞動成果怎麼辦

呢?這種擔心是多餘的,因為算出雜湊值的這個區塊裡面是有你的簽名的,別人偷走了也沒用。一旦把簽名改掉了,區塊的內容也就變化了,對應的雜湊值也會改變,這個計算結果也就無效啦。

還有一個疑問是,你辛辛苦苦計算出的結果,能不能在以後的「挖礦」過程中重複利用呢?這樣豈不是很省力?很不幸,這樣是不行的,因為後面新增的區塊無論是時間戳還是內容都和以前所有的區塊不一樣,所算出的雜湊值前面一定沒出現過,因此前面所有節點計算出的所有結果實際上都用不上,這也在最大程度上保證了競爭的公平性。

透過上面的討論,我們知道了,工作量證明可以較為公平有效地讓各個節點達成共識,也就是下一個區塊由誰來新增,在這個過程中投機取巧是不太可能的。之所以要這樣大費周折才能達成共識,是因為我們假設了區塊鏈執行在一個並不安全的環境中,隨時都有可能出現不懷好意、破壞規則或是想要不勞而獲的人。

其實，在電腦網路的世界中，共識機制是一個很重要的難題，很多年前就有人提出了類似的討論。1982 年，圖靈獎（A.M. Turing Award）得主萊斯利・蘭波特（Leslie Lamport）等人在一篇論文中提出了「拜占庭將軍問題」（Byzantine Generals Problem）。

建立信任的共識機制

拜占庭將軍問題

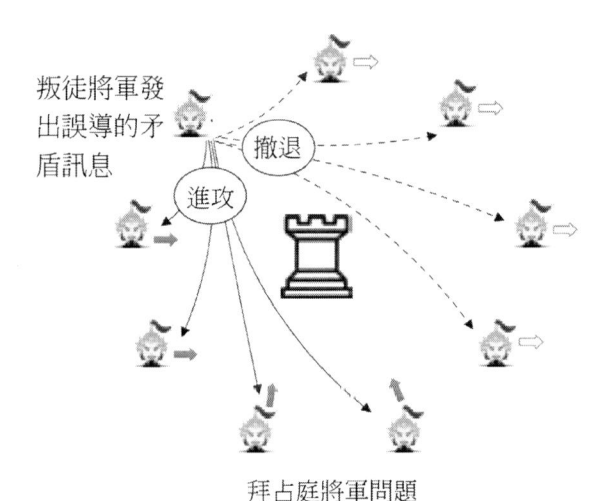

　　古時候的拜占庭帝國擁有巨大的財富，周圍 9 個鄰國虎視眈眈，但拜占庭實力強大，沒有一個單獨的鄰國能夠成功入侵。任何單個鄰國入侵都會失敗，同時自身也有可能被其他 8 個鄰國入侵。所以至少要有 9 個鄰國中的一半以上同時進攻，才有可能攻破拜占庭帝國的防禦體系。

　　各個國家的將軍必須透過投票來達成一致策略，要麼一起進攻，要麼一起撤退。由於將軍們只能透過信使互相聯繫，在協調過程中每位將軍都將自己投票「進攻」還是「撤退」的訊息透過信使分別通知其他所有將軍，這樣一來每位將軍根據自己的投票和其他將軍送過來的投票，就可以知道投票結果，從而決定是進攻還是撤退。

第 2 章　什麼是區塊鏈

　　但問題在於：將軍中可能出現叛徒，他們不僅可以投票給錯誤的決策，還可能會選擇性地發送投票。假設 9 位將軍中有 1 名叛徒，8 位忠誠的將軍中出現了 4 人投「進攻」，4 人投「撤退」，這時候叛徒可能故意向 4 名投「進攻」的將軍投「進攻」，而向另外 4 名投「撤退」的將軍投「撤退」。這樣在 4 名投「進攻」的將軍看來，投票是 5 人投「進攻」，從而發動進攻；而另外 4 名將軍看來是 5 人投「撤退」，從而撤退。這樣，一致性就遭到了破壞。

　　拜占庭將軍問題困擾了大家幾十年，其實，如果叛徒足夠多的話，良好的共識是肯定無法達成的。區塊鏈中基於工作量證明的共識機制其實已經很有效了，數位貨幣系統執行至今也沒有出現什麼大問題。當然如果有一個人擁有超強的計算力，強大到超過了其他所有人計算力總和的一半，那麼他就可以隨心所欲地新增虛假的區塊了。當你的計算力不夠的時候，即便能夠在新增加的區塊中作假（比如將你欠小明 10 塊錢塗改成小明欠你 10 塊錢），也沒辦法處理後面不斷出現的正義的聲音（記錄了正確資訊的區塊）。本著少數服從多數的原則，當區塊中記錄的帳目發生衝突和不一致的時候，以多數區塊記錄的資訊為準。一旦一個節點的計算能力超過了全部節點計算能力的 51%，那麼就意味著這個節點新增的虛假區塊很有可能會生存下來，那麼區塊鏈也就被竄改了。

程式驅動的智慧合約

如果我們只把區塊鏈系統看成一個大帳本，那就太小瞧它啦。實際上，區塊鏈的能力遠不止於此。大家可以想想，區塊鏈是執行在電腦網路中的，而網路中有無數的接入終端，好比你家裡的電腦、包裡的手機都可以認為是這個網路中的一部分。這些計算設備的能力可是十分強大的，無論是玩遊戲還是解數學題，無論是網路購物還是聊天看電影，它們幾乎無所不能。因此我們可以想像，區塊鏈可以利用這麼強大的計算能力和這麼便捷的電腦網路做很多激動人心的事情。

電腦的行事風格我們都是了解的，它們鐵面無私，一絲不苟，嚴格按照程式來執行任務，極少出差錯。琳瑯滿目的應用程式，背後是一行行的程式碼。正是這些程式碼構築了豐富多彩的網路世界。如果你想在電腦上做一些個性化的事情也沒問題，你可以自己學習電腦程式設計技術，用程式碼來實現你的設想和意圖。對於區塊鏈來講，也是存在這樣一種機制的，你可以透過編寫程式來實現複雜的目標，而這種機制我們稱為智慧合約。

智慧合約

說到合約這個詞，我們總覺得是個法律術語，往往用在交易過程中。其實區塊鏈中智慧合約的能力可不僅局限於此，只不過這個詞彙誕生之初是用來進行智慧化交易的，因此一直沿用了下來。我們可以簡單地理解，智慧合約就是執行在區塊鏈上的、可由使用者自主編寫的程式。多數情況下智慧合約用於區塊鏈上的各種交易，當然你也可以發揮自己的聰明才智，讓它用在其他領域。

智慧合約依然是程式設計師編寫的程式

程式驅動的智慧合約

　　智慧合約是電腦科學家尼克・薩博（Nick Szabo）提出的，他也被稱為智慧合約之父。他在 1994 年左右提出智慧合約的設想：「智慧合約就是一系列數位化形式的承諾集合，還包含一系列相關協議，以確保各參與方能夠履行這些承諾」。由於當時網際網路剛剛興起，所以根本沒有足夠的技術條件來實現這個設想，直到後來區塊鏈的出現才解決了這個問題。藉助區塊鏈的去中心化特性和不可竄改性，以及日益發展的電腦技術，智慧合約才有了大範圍應用的條件，現在主流的區塊鏈系統都支持智慧合約。

第 2 章　什麼是區塊鏈

第 3 章
區塊鏈帶來的生活改變

第 3 章 區塊鏈帶來的生活改變

金融支付的革新之路

區塊鏈是一種在數位貨幣中廣泛應用的核心技術。

曾經比特幣的初衷是作為一種全新的數位貨幣造福人類的經濟生活，但目前來看，這一目標並未達到。10 多年過去了，以比特幣為代表的數位貨幣因為價格的暴漲和暴跌，實際上並不能承擔一種合格的貨幣的職責，而變成了一種炒作的投資品，帶給了參與者巨大的風險。試想，如果第一天買一個西瓜需要 1 比特幣，而第二天買一個西瓜突然就需要 100 比特幣了，這樣不穩定的貨幣誰敢用呢？

金融支付的革新之路

第一天
一個西瓜
1比特幣

這錢貶值得
也太快了！

第二天
一個西瓜
100比特幣

　　但從另一個角度來說，在電腦網路構成的數位空間中，比特幣能夠在去中心化的條件下穩定運行十多年，證明區塊鏈技術還是非常可靠的，這種技術可以在金融和交易領域為我們帶來很多好處。數位貨幣借鑑了很多區塊鏈技術，具有可追溯性、不可竄改、支持智慧合約等很多優點。作為法定

第 3 章　區塊鏈帶來的生活改變

貨幣，數位貨幣是在中心化管理模式下執行的，這和區塊鏈的去中心化特點是不同的。

在未來的很多年內，我們也許會面臨多種貨幣形式和支付手段百花齊放的局面，實體貨幣和數位貨幣將會並存，為我們的經濟生活注入更多的活力。不過面對多種多樣的貨幣形式和支付方式，還是要學會明辨是非，防範金融詐騙，保護好自己的隱私，看管好自己的錢包。

食品與農業的安全守護

我們從小就知道「民以食為天」的道理,現代農業與我們認知中的「面朝黃土背朝天」的時代已經大不相同了,而是正在向精準農業的方向邁進。精準農業結合了資訊科學、生物科學和工程應用技術,能夠充分挖掘農田的最大生產潛力,合理利用水資源,減少環境汙染,提高農產品的產量和品質。

精準農業要求我們能夠監測、儲存和分析農作物生長的全面資訊,並且要求這些資訊都可以找到源頭,這樣才能稱為精準。

位於北京科學中心生活展廳的精準農業迷你農場

第 3 章　區塊鏈帶來的生活改變

在現代食品工業體系下，小到一粒米，大到一頭牛，想進入我們的餐桌都需要走過一條漫長的道路，這條道路就是食品生產和供應的鏈條。就以稻米為例，一碗米飯是不是好吃、營養成分夠不夠豐富，是受到很多因素影響的。從稻穀的種植開始，就已經產生大量的數據了 —— 土壤的成分怎樣、陽光雨水如何、化肥農藥用了多少等。產出的稻穀從農民手中收購到加工廠，要進行很多道工序的加工，還要儲存在倉庫中，然後透過各種運輸工具送到各大賣場和商店，最後被千家萬戶購買。

在這麼漫長的過程中，我們的糧食有可能會出現各種狀況，比如發霉變質、遭受蟲害、受到汙染、營養流失等。那麼有沒有一種技術手段，讓我們在出現問題的時候能夠明確地追溯到問題出現在哪個環節呢？這時候，區塊鏈技術就可以派上用場了。

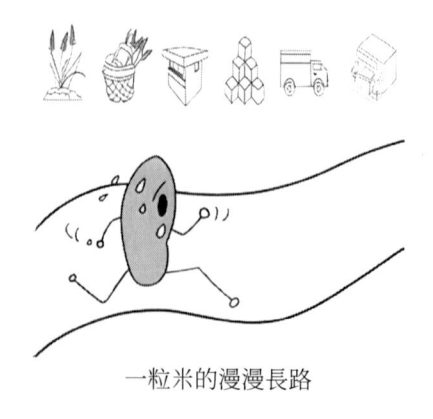

一粒米的漫漫長路

區塊鏈技術的去中心化特別有利於食品產業的數位化建設。在食品生產和銷售過程中，所有的數據都可以用區塊鏈的方式進行儲存。由於區塊鏈上的數據具有不可竄改的特性，一旦出了問題，我們就可以迅速地追溯到具體的環節和具體的責任人。

當我們的食品數據「鏈化」後，可以利用區塊鏈來驗證與儲存數據，透過前面介紹過的雜湊值來校驗並確認資訊的真實性，由於每個區塊都有值得信任的「時間戳」，因此我們就保留了完整的證據資訊，也保證區塊鏈上的數據不能被別有用心的人竄改。

誇張一點說，有了區塊鏈技術，我們的食品也就有了身分證和檔案，每一粒米都可以查到它的「前世今生」，讓我們吃得既安心又放心。

第 3 章　區塊鏈帶來的生活改變

工業與設計的智慧轉型

　　製造業是很多國家的經濟重心。不過，目前擺在我們面前的問題是，我們怎樣才能讓製造業更先進、更智慧，換句話說就是將製造變成高階製造，將工廠變成智慧工廠。

　　在北京科學中心的生活展廳中，我們可以清楚地了解到，頁岩氣是如何開採出來並被生產為我們需要的能源的；機器人是如何幫我們裝配製造汽車的；各種形形色色的感測器是怎樣運作的；太空人們乘坐的飛船到底是什麼樣的……這一切都是製造業飛速發展的寫照。那麼能源開採的豐富數據、機器人造車的過程數據還有各種感測器的採集數據都彙集到哪裡了呢？我們又該怎樣充分地利用它們？怎樣保護它們的安全呢？這其中包含的技術很多，本書介紹的區塊鏈自然也有其用武之地。

頁岩氣開採裝備（北京科學中心）

形形色色的感測器（北京科學中心）

第 3 章　區塊鏈帶來的生活改變

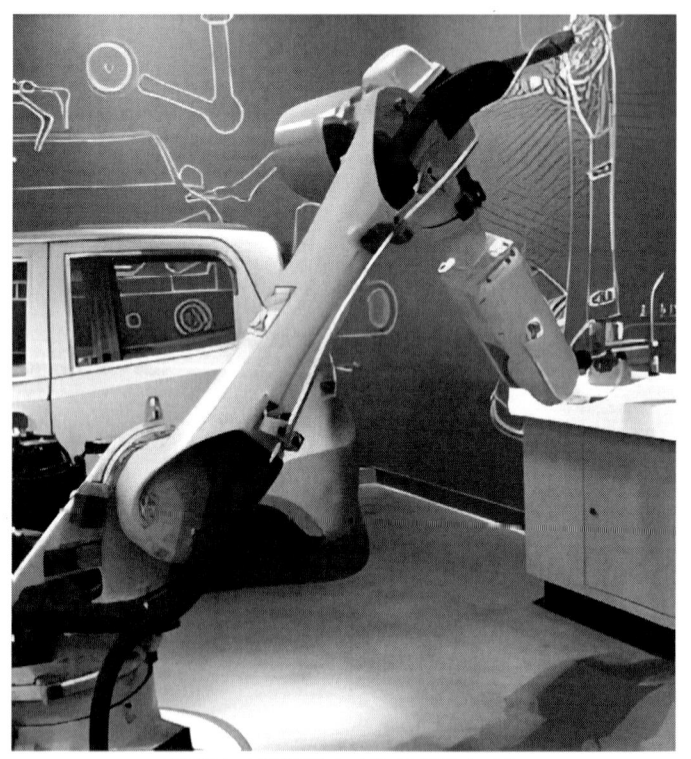

靈活的工業機器人（北京科學中心）

區塊鏈本質上還是一種資訊化的技術，利用區塊鏈可以提升製造業的資訊化程度。一個企業可以將生產製造過程中的各種資訊和數據都放在區塊鏈上，我們稱之為數據「上鏈」。這樣製造企業就可以享受到區塊鏈技術帶來的各種好處，比如前面提到的去中心化、開放透明、不可竄改、可追溯等。

製造資訊上鏈

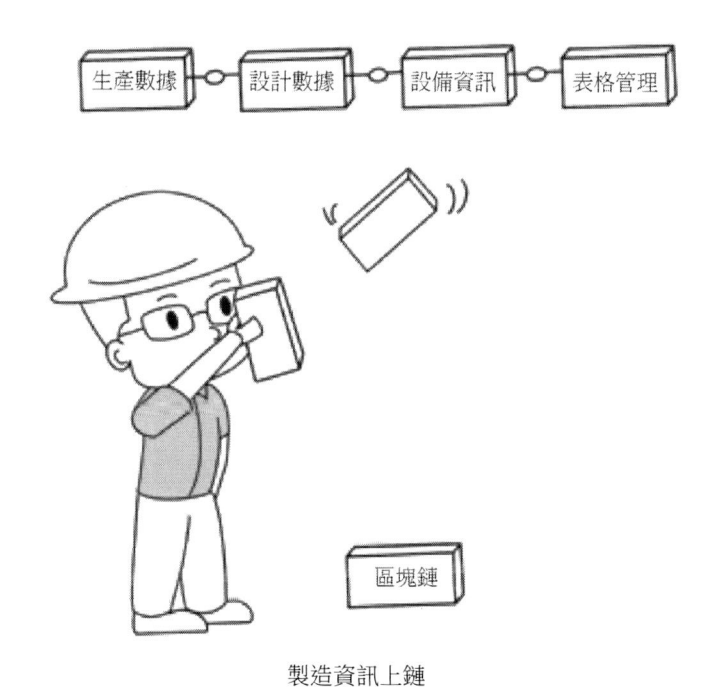

　　那麼在一座工廠裡究竟有什麼數據可以「上鏈」呢？換句話說，在一個智慧工廠裡，有什麼數據是最重要的，需要保護、需要分享，而且要防止竄改的呢？

　　第一類數據可能就是製造過程資訊了。一般來說，產品的整個製造過程是由製造設備完成的。這些設備不僅包括各式各樣的機床、生產線和工業機器人，還包括很多檢測設備，用於檢測每一個製造步驟是否合格。一個產品品質的好壞是由很多環節決定的，而一旦最終的產品品質出了問題，

第 3 章　區塊鏈帶來的生活改變

我們就可以基於區塊鏈技術追溯到具體出問題的環節。追溯的目的不僅是判斷該由誰負責,更是為完善產品製造過程提供必要的數據資料。

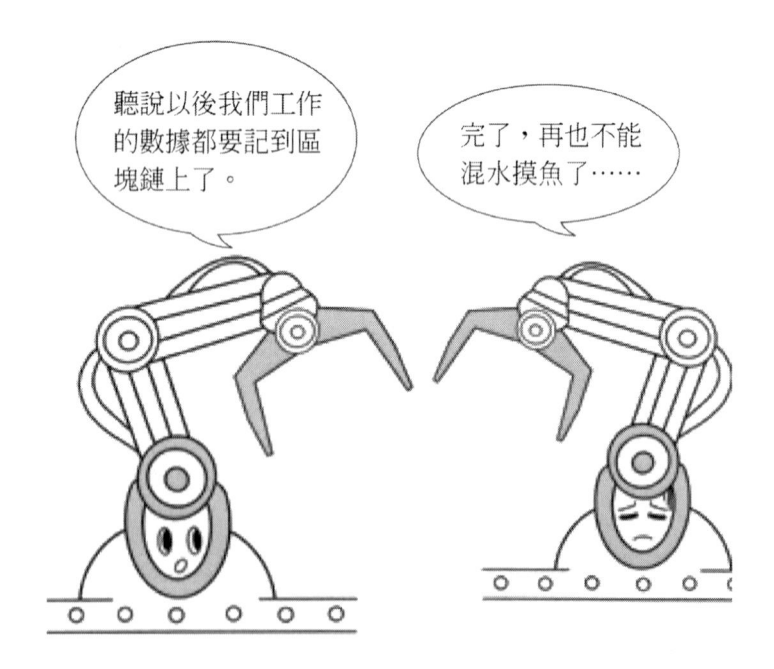

聽說以後我們工作的數據都要記到區塊鏈上了。

完了,再也不能混水摸魚了……

第二類數據是製造設備自身的資訊。設備就像一個小動物一樣,誕生的時候需要人來教它們行為規範,我們叫做安裝和偵錯;成年以後也會受傷會生病,這就需要醫治,我們叫做設備的保養和維修;當然最不幸的是它們也會死亡,我們叫做設備的報廢。我們當然希望設備的壽命越長越好。所以透過區塊鏈技術可以讓每一臺設備都擁有一個屬於它自己

的全生命週期的「醫療帳本」，而且這些資訊還可以為設備製造商提供優化改善的新思路。

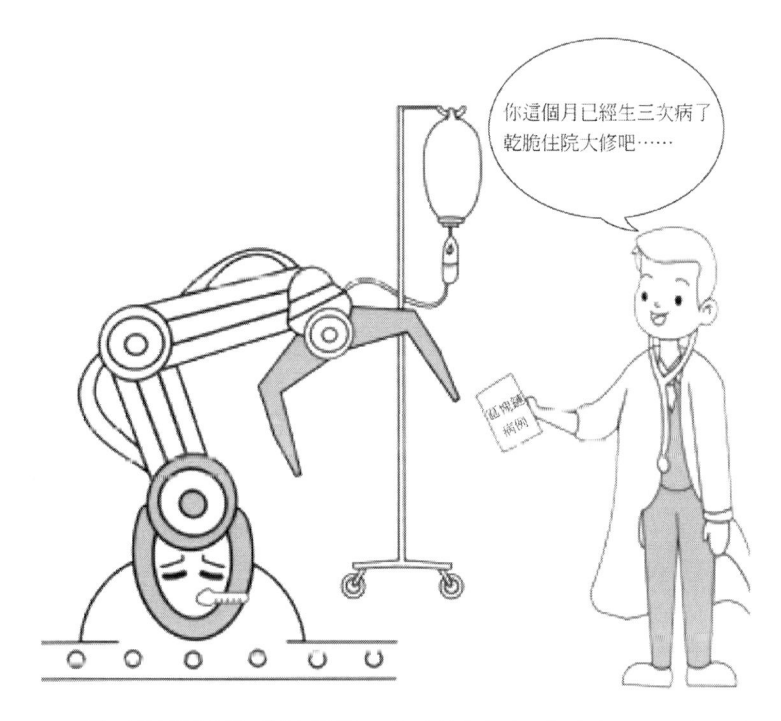

第三類數據是設計數據。設計這個詞大家都不陌生，但設計和製造的關係其實挺微妙的。最原始的製造活動中其實是不包含設計環節的。我們可以想像，我們的祖先製造石刀或石斧時，肯定沒有事先畫好設計圖，只是把一塊石頭摔在地上碎了以後，選擇其中最鋒利的一塊再打磨一下就可以了。

第 3 章　區塊鏈帶來的生活改變

但是隨著人類製造的物體越來越複雜,很難僅憑一個人的聰明才智完成,這時候,製造過程就出現了分工合作,這才有了設計這一環節的出現。可以說設計是一種智慧活動,是人類區別於其他動物的一個重要特徵。人類為了能製造汽車和飛機這樣複雜的產品,花了大量的精力在設計上。設計既可以用文字來表示,也可以用圖樣來表示。藉助現代的電腦輔助技術,產品設計更多的是用 3D 模型來表示。是否具有良好的設計,能夠從根本上決定一個產品的好壞和製造成本。如果一個產品出了問題,在製造環節上查不出原因,那麼可能就要追溯到設計上了。區塊鏈技術能夠幫助我們很好地儲存、共享並追溯設計數據,讓設計活動變得更容易、更可靠且更富有創造性。

第 3 章　區塊鏈帶來的生活改變

區塊鏈就在你我身邊

看了前面的介紹，我想大家對區塊鏈技術多少都已經有所了解了。實際上，區塊鏈從誕生開始，一直充滿爭議。有的人認為除了數位貨幣以外，區塊鏈還從來沒有在其他領域證明過自己真的是顛覆性技術；有的人認為區塊鏈被炒作過度了，裡由充斥著泡沫甚至是欺騙；另外一些人認為像「挖礦」這種建立共識機制的方法太浪費電力能源；還有一些人認為區塊鏈是屬於未來的技術，在數位化的世界中，甚至在元宇宙中必將大放異彩。

技術永遠都是雙刃劍，從無對錯之分，只看它們用在何處。從古至今，真正顛覆性的科學技術必然會引發工業革命，而工業革命的重要表現就是人類認知能力大幅飛躍、世界範圍內的生產力大幅提升，或是世界人口數量大幅度增加。第一次工業革命可以認為是「機器」革命，第二次工業革命可稱之為「電氣」革命，而第三次工業革命可簡稱為「資訊和生物」革命。從這個標準來說，區塊鏈也只是資訊科技革命中的一朵浪花而已，還遠談不上偉大。

> 區塊鏈就在你我身邊

　　我們一直強調,區塊鏈是很多資訊科技的集合體,而這些技術其實每天都在勤勤懇懇地為我們服務。當我們使用手機或者開啟電腦的時候,當我們瀏覽網站或在網際網路上學習的時候,你可能正在使用對等網路提升你的檔案傳輸速度,或者使用了密碼學的技術幫你免受不法之徒的駭客入侵,又或者你使用了各種高效分散式儲存技術讓你的數據安全無虞,還可能你正在利用雜湊值校驗完成一次讓人驚訝的「極速秒傳」。而這一切都是默默進行的,你看不見也摸不到,甚至都無法感知它們的存在,這就是資訊科技的力量。對這種力量,我們好奇,我們認知,我們掌握,我們思辨,我們探索,我們發展。其最終的目的,一定是為了人類生存的幸福與美好。

國家圖書館出版品預行編目資料

零基礎區塊鏈：去中心化 × 共識機制 × 智慧合約……破解抽象名詞背後的運作機制，看懂科技如何改變我們的日常與未來 / 李楠，熊璋著 . -- 第一版 . -- 臺北市：機曜文化事業有限公司 , 2025.07
面； 公分
POD 版
ISBN 978-626-99831-7-9(平裝)

1.CST: 網路資料庫 2.CST: 資訊科技 3.CST: 產業發展 4.CST: 通俗作品
312.758　　　　　　114008974

零基礎區塊鏈：去中心化 × 共識機制 × 智慧合約……破解抽象名詞背後的運作機制，看懂科技如何改變我們的日常與未來

作　　者：李楠，熊璋
發 行 人：黃振庭
出 版 者：機曜文化事業有限公司
發 行 者：機曜文化事業有限公司
E - m a i l：sonbookservice@gmail.com
粉 絲 頁：https://www.facebook.com/sonbookss/
網　　址：https://sonbook.net/
地　　址：台北市中正區重慶南路一段 61 號 8 樓
8F., No.61, Sec. 1, Chongqing S. Rd., Zhongzheng Dist., Taipei City 100, Taiwan
電　　話：(02) 2370-3310　傳　　真：(02) 2388-1990
印　　刷：京峯數位服務有限公司
律師顧問：廣華律師事務所 張珮琦律師

-版權聲明-

本書版權為機械工業出版社有限公司所有授權機曜文化事業有限公司獨家發行繁體字版電子書及紙本書。若有其他相關權利及授權需求請與本公司聯繫。

未經書面許可，不可複製、發行。

定　　價：250 元
發行日期：2025 年 07 月第一版
◎本書以 POD 印製